L'AGRICULTURE

veut être représentée et défendue

OUVRAGE PRÉPARÉ PAR L'UNION NATIONALE

et destiné à expliquer la Pétition agricole.

Prix : 20 centimes.

(Fortes remises aux Libraires et aux Comités.)

ie Bayard, PARIS

On trouve à la même adresse

ouvrage et les feuilles de pétition agricole.

L'ACTION SOCIALE CATHOLIQUE

L'*Action sociale catholique* est destinée à refaire en France une nation chrétienne, en nous ramenant tous, par diocèses et par paroisses, sous la direction du clergé, à la connaissance de l'Evangile et à la pratique de la charité véritable qu'on appelle l'apostolat.

Un gouvernement chrétien a besoin, dit Léon XIII, d'un peuple chrétien qui le pousse; vouloir une France chrétienne sans convertir les Français, c'est vouloir cueillir le fruit sans avoir planté l'arbre.

Pour réussir dans une telle entreprise, l'Action sociale n'a qu'un moyen à proprement parler : l'Evangile, sa connaissance, sa lecture méditée, sa pratique dans toutes les situations de la vie. C'est le moyen choisi et recommandé par Notre-Seigneur; il fit autrefois passer la France et le monde du paganisme au christianisme, de la barbarie à la civilisation, de l'esclavage à la liberté.

Tous les maux dont nous souffrons, ce qu'on appelle la question sociale et la question ouvrière, c'est-à-dire l'ensemble des désordres et des injustices dont on se plaint, soit dans la société en général, soit dans la classe ouvrière en particulier, viennent de ce qu'on a abandonné l'Evangile.

L'Action sociale travaille à rétablir la lecture fréquente de l'Evangile en famille, à l'école, au collège, à l'église, à toutes les occasions et dans toutes les situations. Elle complète son action par l'enseignement de la vérité sous toutes les formes : bons journaux, conférences et causeries populaires, bibliothèques, écoles, patronages, missions, retraites, etc... Elle aspire à christianiser davantage les collèges catholiques et l'enseignement libre à tous les degrés, par la réforme des études classiques.

Elle veut surtout obtenir l'application de l'Evangile en rappelant le devoir de la charité spirituelle et corporelle, et fournir les moyens de le remplir en faisant pratiquer l'apostolat sous toutes les formes, spécialement par des œuvres économiques de toutes espèces.

Elle a organisé un bureau de placement gratuit pour tout Paris et la banlieue; des caisses de famille pour venir en aide dans la maladie; des caisses de prêt gratuit; des secrétariats du peuple qui viennent en aide gratuitement aux ouvriers dans tous leurs besoins et toutes leurs difficultés; des syndicats mixtes et beaucoup d'autres œuvres.

Elle porte un intérêt tout particulier à la suppression des grandes injustices dont souffre le peuple. Dans ce but, elle poursuit la réintégration des Sœurs dans les hôpitaux, le repos du dimanche, le rétablissement du catéchisme dans les écoles, la représentation de l'agriculture, etc. A Paris, on la nomme souvent *Société de Notre-Dame du Travail*, parce qu'elle s'est placée sous le patronage de Notre-Dame du Travail.

Hommes, femmes, enfants, tout le monde peut en faire partie.

Les bureaux de l'*Action sociale* sont à Paris, 5, rue Bayard.

On peut aider cette œuvre par l'action, la prière et l'aumône; elle appelle tous les concours.

L'AGRICULTURE

veut être représentée

et défendue

OUVRAGE PRÉPARÉ PAR L'UNION NATIONALE

et destiné à expliquer la Pétition agricole.

Prix : 20 centimes.

(Fortes remises aux Libraires et aux Comités.)

5, rue Bayard, PARIS

On trouve à la même adresse

cet ouvrage et les feuilles de pétition agricole.

Agriculteurs, méditez !

« Je porte l'Agriculture dans mon cœur, « disait une des personnalités les plus en « vue de l'heure présente ; j'admets la plu- « part de vos idées. Mais quand nous vou- « lons vous venir en aide, nous nous heur- « tons à un obstacle insurmontable. Il vous « manque une majorité dans le Parlement. « Si nous nous sentions appuyés d'une ma- « jorité certaine, nous n'hésiterions pas. « Nous sommes aux ordres de la Chambre. »

Agriculteurs, vous êtes la majorité, la première force de l'Etat, la puissance électorale par excellence, puisqu'on peut compter environ deux cultivateurs sur trois électeurs inscrits.

Sous un régime qui consacre la sonveraineté du nombre, *vous êtes donc le droit et la force*, et vous devez mettre votre force au service de votre droit.

Ceux qui font la sourde oreille seront alors contraints de vous entendre.

Si vous restez malheureux, c'est votre faute.

Trouverait-on dans le Parlement soixante agriculteurs exploitant, soixante sénateurs ou députés au courant des questions qui concernent l'agriculture ? Perdus, noyés dans une foule indifférente ou hostile, ils sont réduits à l'impuissance. Quand ils abordent la tribune, par politesse on consent à les écouter ; quand ils en sont descendus, le scrutin montre le cas qu'on a fait de leurs observations.

Vous n'avez qu'à le vouloir, la situation sera bientôt changée. *Sept millions d'électeurs* pourraient faire la loi en France : ils se la laissent imposer et c'est pour leur ruine.

Nous recommandons à ceux qui ne pourraient pas lire toute cette brochure, de lire soigneusement le XXIe chapitre : **Organisons-nous.**

II

La question.

Qu'est-ce que l'agriculture ?

Au point de vue moral, n'est-ce pas la grande école de la patience, de l'abnégation, des vertus simples et solides qui font l'honnête homme et le bon citoyen?

Au point de vue économique, n'est-elle pas, en quelque sorte le fondement de la vie humaine en produisant le pain et la viande? N'est-ce pas elle qui fournit à la population ses éléments les plus vigoureux, au trésor public ses revenus les plus abondants?

Au point de vue politique, c'est la première force de l'Etat.

Cette importance qui se manifeste avec tant d'éclat, aurait dû assurer à l'agriculture, en France, comme aux Etats-Unis, le principal rang dans les préoccupations des pouvoirs publics. S'il ne lui est pas permis d'être tout, au moins devrait-elle être quelque chose.

Qu'a-t-elle été jusqu'à ce jour?

Une victime résignée, un champ d'expérience ouvert aux utopies financières, économiques et politiques de tous les gouvernements.

Vous êtes-vous demandé la raison de cet état précaire, de cette infériorité qui affecte si gravement notre agriculture? Pourquoi sommes-nous taillables et corvéables à merci ? Pourquoi l'industrie française et l'industrie étrangère sont-elles protégées chez nous, alors que l'agriculture subit toutes les charges de la prétendue liberté commerciale qu'on lui impose?

Pourquoi les villes peuvent-elles opprimer les campagnes et sont-elles autorisées à percevoir, à leur profit exclusif, des droits d'octroi sur les produits agricoles, sur les vins, sur les blés, comme à Marseille; sur les bœufs, comme à Paris, où ils payent, par tête, 54 francs de droit d'entrée?

Pourquoi, vis-à-vis des impôts qu'il faut payer, un propriétaire rural vaut-il deux propriétaires urbains, et pourquoi, de par la loi organique du Sénat, un rural ne vaut-il que le tiers d'un bourgeois?

Pourquoi enfin, est-il possible de violer ainsi, au préjudice de l'agriculture, tous les principes de l'égalité économique, fiscale et politique?

Parce que l'agriculture n'est pas représentée.

Tant que vous serez divisés, tant que vous ne serez pas unis sur le terrain des intérêts, tant que vous ne formerez pas une importante majorité, que vous n'aurez pas au moins une voix de majorité dans les Chambres, la politique vous oubliera, vous ruinera. Vous aurez beau faire, vous aurez autant de déceptions que le malade qui changerait la couleur de ses cravates, tous les jours, pour arriver à la guérison.

III

Charges de l'agriculture.

Tous les produits agricoles d'origine française, qu'ils viennent du Midi ou du Nord, le vin comme le blé et le bétail, n'arrivent sur le marché qu'après avoir payé à l'État, sous forme d'impôts de toute espèce, le taux du revenu net de la propriété foncière, trois dîmes et plus.

M. Pouyer-Quertier et M. le Trésor de la Roque ont établi que l'agriculture paye à l'Etat 706 millions d'impositions directes et 250 millions d'impositions indirectes, soit un total de 956 millions.

Un grand journal parisien nous objecte que l'impôt foncier, le seul, dit-il, qui soit à la charge de l'agriculture, ne s'élève qu'à 228 millions, et que cette somme est inférieure à celle qu'elle payait sous la monarchie.

Excusez le rédacteur de ce journal; il ne possède, sans doute, pour tout bien au soleil, que son traitement qui ne paye pas d'impôt; tant qu'il le touche intégralement, pour lui la crise n'existe pas. Il oublie, cet excellent rédacteur, qu'outre l'impôt foncier proprement dit, nous payons : 1° les prestations; 2° des centimes additionnels ordinaires et extraordinaires, généraux et spéciaux; 3° des droits de baux; 4° des droits sur toute obligation contractée; l'étranger, Espagnol, Italien, Autrichien, Russe, Grec ou Valaque, emprunte chez nous des millions en franchise de taxes, et *le* pauvre paysan, obligé d'emprunter hypothécairement 1000 francs pour faire valoir son domaine, subit au moins cinq pour cent de frais, de droits de timbre et d'enregistrement; 5° des contributions indirectes; elles sont facultatives, direz-vous; c'est vrai ; mais l'ouvrier les paye, et il exige que son salaire soit augmenté d'autant : il faut en tenir compte au patron; 6° l'impôt sur les chiens; 7° l'impôt sur les voitures; 8° enfin l'impôt du sang, qui enlève à l'agriculture les bras dont elle a besoin.

Voilà nos charges.

IV

L'agriculture devant l'impôt.

Dans le débat qui a eu lieu au Sénat sur les impôts fonciers, M. Bisseuil a prouvé, dans un discours très éloquent, que la propriété rurale paye 31 25 °/₀ de son revenu, la propriété urbaine 23 25 °/₀, les valeurs mobilières (valeurs de chemins de fer, etc.) 9 35 °/₀, la rente d'Etat 4 40 °/₀. Ainsi, la propriété rurale paye moitié plus que la propriété urbaine, quatre fois plus que les valeurs mobilières, sept fois plus que la rente d'Etat.

Ce n'est pas tout. Si aux charges de l'impôt direct on ajoute les charges de transmission, que voyons-nous? Celui qui vend un bien 100.000 francs paye 8000 francs d'enregistrement, timbre, honoraires de notaires. Le vendeur de 100.000 francs en valeurs de bourse paye 626 fr. 80 si les valeurs sont nominatives, 126 fr. 80 si elles sont au porteur. L'Etat, dans le premier cas, perçoit 6900 francs, dans le second cas 501 fr. 80 (valeurs nominatives), 1 fr. 80 valeurs au porteur.

Si la vente immobilière est faite par voie de justice, les frais souvent dépassent la valeur des immeubles vendus. La loi de frimaire an VII est une loi inique, écrasante pour la propriété, principalement pour la propriété rurale.

« Il faut, à tout prix, faire cesser de si révoltantes inégalités. Aujourd'hui, la terre est la valeur qui peut le moins donner à l'impôt. Je ne demande pas pour elle de privilège, quoiqu'elle y eût un droit; car il s'agit de sauver la première industrie du pays, Or, surcharger la production agricole, c'est arrêter le développement de la richesse nationale. C'est amener la baisse des salaires, qui entraîne l'abandon des campagnes par les travailleurs. Je demande que l'impôt foncier des propriétés bâties soit réduit de 4 °/o à 1 °/o. Avec cette réduction, remarquez-le, la propriété rurale paierait encore beaucoup plus que sa part, puisqu'elle paierait encore 625 millions pour un revenu de 2 milliards 250 millions, c'est-à-dire, 27 75 de son revenu. »

L'orateur ajoutait en finissant que les valeurs mobilières ne paient que lorsqu'elles rapportent, tandis que la terre paye toujours, même lorsque les intempéries détruisent ses récoltes. Les conséquences de ce régime sont connues. Partout on bâtit dans les villes, et les propriétés rurales se vendent à vil prix.

Si nous avions une majorité agricole dans le Parlement et un gouvernement conforme à cette majorité, un régime aussi intolérable serait bientôt réformé.

Mais avec les maîtres d'aujourd'hui, nous n'avons à espérer que de nouvelles aggravations. On a opposé au discours de M. Bisseuil l'invariable refrain de nos politiciens : l'Etat a besoin d'argent. Plus il encaisse, plus il en a besoin. Vous repasserez quand il en aura trop. Avec ces gens-là, cela ne peut que croître et embellir.

Electeurs ruraux, saluez !

V

Les assurances.

Avez-vous jamais songé à la différence qui existe sous ce rapport entre un paysan et un bourgeois ? Ecoutez et jugez.

La loi du 23 août 1871 a chargé les primes d'assurauces d'uu impôt de 9 fr. 52 °/o, y compris le décime et les frais. L'impôt pèse sur les risques et non sur le capital : il est perçu en raison de la nature de l'immeuble ou des objets assurés :

La maison à Paris paie de 12 à 20 cent. par 1000 de sa valeur.

Le bâtiment de ferme en province 20 à 40 cent. par 1000 de sa valeur.

La récolte de ferme en province 6 francs par 1000 de sa valeur.

La maison couverte en chaume 8 francs par 1000 de sa valeur.

La récolte paie donc à l'Etat trente fois plus que le bâtiment de Paris.

Le cultivateur, le vigneron qui habite une modeste maison couverte en chaume, est taxé à quarante fois plus d'impôts que celui qui, dans la ville, jouit de la sécurité de son immeuble.

Les primes d'assurances sont plus élevées à la campagne qu'à la ville et cette inégalité du taux de la prime — légitime en ce qui concerne les intérêts des compagnies — constitue une iniquité flagrante, une injustice choquante, quand elle est prise pour base de l'impôt.

C'est l'impôt du danger : car plus on a le malheur de courir de risques et plus on paie ; c'est l'impôt sur la misère ; car en fait, plus on est pauvre et plus on paie.

Ainsi une maison de 200.000 francs, en ville, bâtie en pierres et couverte en tuiles, paie une prime de 20 centimes du 1000, soit 40 francs ; — impôt 10 °/₀ environ = 4 francs.

Une maison avec grangeage dans un village, assurée pour 5000 francs paie une prime de 8 francs du 1000, soit 40 francs ; — impôt 10 °/₀ = 4 francs.

De sorte que la propriété de 200.000 francs, à la

ville, paie à l'État la même somme d'impôts que celle de 5000 francs à la campagne.

Le fisc n'est-il pas vraiment fort ingénieux, pour favoriser les villes et pour tirer le dernier sou de la poche du paysan!

VI

La dépopulation.

On déserte les campagnes pour s'entasser dans les villes: voilà ce qu'on remarque de tous côtés en France, et c'est à la fois la conséquence de la crise agricole et la cause d'une crise plus grave.

Tous nous sommes d'accord sur ce point que l'agriculture manque de bras, qu'il faut s'efforcer de retenir l'enfant aux champs, qu'il faut lui faire aimer la maison paternelle.

Et l'on fait tout pour obtenir le contraire. Toutes les faveurs sont pour les villes, les charges seules sont pour les populations rurales.

Les programmes de nos écoles primaires sont conçus en dépit du bon sens, à moins qu'on y veuille voir le parti pris d'achever la dépopulation de nos campagnes.

Conçoit-on l'étrange idée d'avoir imposé à l'enfant du paysan le même programme d'études qu'à l'enfant du bourgeois? L'instruction donnée ne doit-elle pas varier avec l'état que doit un jour embrasser l'enfant? Eh bien! vous le savez, c'est le programme de Paris, créé et édité pour les enfants de Paris et des grandes villes, qui est appliqué, qui est aux mains des enfants, dans les plus petites et les plus pauvres communes de France.

Ce sont des livres où l'on vante le prétendu bonheur des villes, de ces villes où l'on trouve des trottoirs, du gaz, de la lumière électrique, des spectacles, des concerts, et... même autre chose !

Comment voulez-vous que le pauvre enfant, nourri de ces leçons, prenne goût pour la profession paternelle, pour le travail des champs ? Voyant son père soigner ses vaches, donner à boire à ses chevaux, il se dit : « Je ne resterai pas à la campagne ; j'aime bien mieux aller en ville où je serai employé de commerce, fonctionnaire, etc... » — Et voilà comment la tradition de la famille s'en va ; voilà comment il y a si peu d'enfants qui embrassent la profession de leurs pères ; voilà pourquoi nous voyons dans nos villes tant de déclassés, tant de prétendus ouvriers qui ne savent rien faire du tout.

Les étrangers nous accusent d'ignorance, Messieurs, et, il faut le reconnaître, les étrangers ont raison. Plus [nous apprenons, moins nous savons ! Cela peut sembler paradoxal, et pourtant c'est vrai. Nous apprenons ce que nous n'aurions pas besoin de savoir, et nous n'apprenons pas ce qui nous est indispensable. Je causais dernièrement avec un ambassadeur étranger, en présence du directeur d'une compagnie de chemins de fer, — un vieil ami — et cet ambassadeur me disait : « Ce qui devrait sauver votre pays, et ce qui le perdra, c'est l'instruction. Si vous ne changez pas de système d'instruction primaire, vous êtes perdus ! Vous appliquez, dans vos écoles de campagne, le programme de Paris et des grandes villes. Voilà votre erreur. »

Cet ambassadeur avait raison.

VII

Les villes.

L'agriculture ne demande que la justice et l'égalité : elle se trouverait suffisamment protégée si on ne la sacrifiait pas toujours.

Si équitables et si modérées que fussent ses demandes, elles ont eu des adversaires, et c'est parmi les prétendus libre-échangistes qu'elles les ont rencontrés. Elles les ont trouvés dans les ports de mer, où des maisons puissantes édifient leur fortune privée sur les importations étrangères, au risque d'anéantir la fortune publique. Les clameurs que ces coteries ont poussées quand il s'est agi d'interdire l'entrée des viandes trichinées retentissent encore à nos oreilles. Ces coteries ont même su découvrir des savants complaisants qui ont prouvé l'innocuité des trichines et déclaré qu'on pouvait les digérer impunément.

Ces demandes ont soulevé aussi des réclamations dans les grandes villes, où le cri : *la vie à bon marché*, court les rues comme à Paris, et surtout à Marseille. On s'inquiète peu de cette vie à bon marché quand il s'agit de trouver des ressources. La ville de Marseille qui a tant fait pour maintenir le libre-échange, fait même payer l'octroi pour le blé : le kilo de pain coûte 0 fr. 50 dans cette ville.

Vous trouvez des barrières à l'entrée de toutes les villes, et des taxes onéreuses sous le nom de droits d'octrois. Assurément, mon intention n'est pas d'aborder ici la question, si complexe, de la suppression de ces droits ou de leur répartition entre les villes et les campagnes. Mais il est un fait que je dois constater en passant, c'est que ces taxes sont perçues au détriment des cultivateurs ; qu'elles grèvent les produits de l'agriculture sans profit pour les agriculteurs et sans compensation.

N'est-il pas injuste que, vis-à-vis de l'impôt, un rural compte pour deux habitants des villes, tandis que pour tout le reste il compte pour si peu?

VIII

Comparaison.

En 1860, nous étions les maîtres incontestés de l'agriculture et de l'industrie; la France était le pays le plus riche et le plus prospère du monde entier. Nos exportations atteignaient en moyenne un milliard chaque année et sur ce milliard l'exportation des vins comptait 232 millions.

Plus de trente ans après l'établissement du libre-échange, c'est-à-dire à une époque où l'expérience peut être concluante, d'exportateurs que nous étions, nous sommes devenus importateurs, et nos importations dépassent de beaucoup ce chiffre de un milliard. Nous recevons du blé, du vin, des fers, des porcelaines, des verreries, des draps, des velours, des satins, des sucres, etc. Notre agriculture est ruinée; toutes nos industries chôment et tombent l'une après l'autre. La production de la viande, la seule qui nous reste, est elle-même menacée.

Nous avons été victimes d'une naïve confiance.

L'Amérique fait appel aux libertés commerciales quand elles lui offrent un sérieux profit; elle ne craint pas de répudier ces libertés le jour où elles la gênent et ne lui rapportent plus de bénéfices. L'Angleterre agit de même. Jusqu'en 1860, l'Angleterre fut protectionniste. Robert Peel se fit ce raisonnement : « Nous avons les matières premières; si nous pouvions avoir la vie à bon marché, nous serions les maîtres du monde. Cette vie à bon marché, demandons-la à la France, en lui laissant croire que c'est son avantage. »

Et le traité fut signé. Mais qu'est-il arrivé? C'est que les blés et les viandes de l'Australie et des Indes ont pris la place des blés et des bestiaux français. Libre-échangiste quand il s'agit de nous expédier ses cotonnades, ses fers et ses houilles, l'Anglais devient protectionniste quand il faut recevoir nos produits.

Mais, nous dit-on, la crise est générale; nos voisins, qui sont protectionnistes, souffrent comme nous.

C'est vrai; mais la cause de leurs souffrances n'est imputable qu'à eux-mêmes. Ils avaient leur marché ouvert en France; croyant notre caisse inépuisable et stimulés par leurs bilans des premières années, ils ont continué à fabriquer, encombrant sans mesure leurs magasins et les nôtres. Ils ont voulu aller trop vite.

IX

Français et Étrangers.

Jusqu'à l'année dernière nous avons vécu en France, sous le régime des traités de commerce, favorables à l'étranger seul, désastreux pour la France.

Le nouveau tarif des douanes vous a donné satisfaction sur quelques points, mais vous restez encore dans un état d'infériorité, tel qu'on est fondé à se demander s'il n'y a pas un parti pris de réduire à néant la propriété rurale, afin sans doute de permettre aux Juifs de l'acheter à vil prix, sauf à la relever, quand elle sera dans leurs mains.

Si l'on entendait par libre-échange, la circulation

en franchise des produits de l'activité humaine, la suppression réciproque et simultanée de tous les droits prohibitifs, de toutes les douanes, de toutes les barrières entre les peuples qui conviennent d'en faire la règle de leurs relations; nous en serions partisans.

Mais il n'y a rien de semblable avec notre système de libre-échange dont il reste encore tant de traces dans le tarif douanier. La liberté, l'égalité, la réciprocité dont les étrangers profitent, n'existent pas pour nous. Un véritable blocus économique a été établi contre nous en Angleterre, en Allemagne, en Italie, en Amérique. On ne nous accorde pas les conditions que nous accordons nous-mêmes.

Ai-je besoin de vous rappeler qu'en France, pour les budgets de l'Etat, du département et de la commune, chaque habitant verse en moyenne 115 fr. 32 d'impôts de toutes sortes.

En Angleterre cette charge annuelle n'est que de 57 francs; en Italie, de 52 francs; en Espagne, 33 francs; en Allemagne 55 francs.

Il est facile de voir qu'avec des charges pareilles, comparées à celles de nos concurrents, le paysan français ne peut lutter contre le producteur étranger.

Il existe d'autres inégalités plus frappantes encore qu'il est utile de vous signaler.

Ai-je besoin de vous rappeler que tous nos produits ont acquitté l'impôt avant d'arriver sur les marchés? Vous n'ignorez pas ce qu'a payé à l'Etat, sous toutes les formes, un hectolitre de blé, quand il entre au moulin; des calculs rigoureux ont établi qu'un bœuf de six ans, conduit à la boucherie, a acquitté 72 fr. 50 d'impôts de toute nature. Ne serait-il pas équitable de faire supporter aux blés et aux bestiaux étrangers, lorsqu'ils se presentent pour entrer chez nous, la même quotité d'impôts? Or jusqu'aujourd'hui les ruraux n'ont pu obtenir de voir traduire en loi cette réclamation si simple et si juste.

Il y avait des privilèges sous l'ancien régime : mais le privilégié avait au moins la qualité de Français; et voici que par une condescendance singulière, le privilégié du régime actuel est l'étranger, l'Américain ou l'Allemand, dont le produit, qualifié habilement de matière première, traverse la frontière sans rien ou presque rien payer à l'Etat.

Si les avantages offerts à nos ennemis s'arrêtaient là, passe encore; mais il y a plus. Écoutez ceci et voyez à quel point vous êtes sacrifiés à l'étranger. Quand les Anglais, les Allemands et les Italiens ont des stocks de bestiaux, de produits quelconques, qu'ils veulent écouler chez eux, savez-vous ce qu'ils font? Ils commencent par majorer brusquement le prix du transport de l'objet qu'ils veulent arrêter à la frontière et, si l'objet entre malgré cette majoration, alors ils font fonctionner leurs commissions de salubrité : on prétend, s'il s'agit de bestiaux, qu'il y a une épidémie en France; s'il s'agit de vin, qu'il est falsifié.

Avez-vous en France un système semblable? Non. C'est le contraire qui se passe, on ouvre la porte à deux battants à toutes les viandes malsaines, tuberculosées, à toutes les boissons frelatées; il semble qu'on ne peut se montrer trop généreux quand il s'agit de l'étranger.

Le principe absolu de l'Américain est de ne conclure aucun traité de commerce, avec aucune puissance; il conserve sa liberté. Il a des tarifs facultatifs qu'il élève ou qu'il abaisse suivant le stock de sa production et les besoins de la population.

Parti du libre-échange, il est arrivé à la protection et par la protection au bien être, à la prospérité et au dégrèvement !

L'Allemagne a eu la sagesse de l'imiter, et, comme lui, de garder sa liberté d'action. Aujourd'hui son système économique peut se résumer en quelques lignes : Quand l'Allemagne manque d'un produit, elle ouvre ses frontières et laisse entrer : quand le produit existe en quantité suffisante, elle le frappe de droits plus ou moins élevés, suivant les circonstances; quand il y a surabondance, elle ferme la frontière et elle accorde des primes à l'exportation. Elle ne se lie avec personne — pas même avec l'Austro-Hongrie et l'Italie, les satellites de la triple alliance.

X

Vins français et étrangers.

C'est sous toutes les formes que l'on retrouve la faveur accordée à l'étranger aux dépens de la France : le commerce des vins en est un exemple frappant.

On a permis aux vins étrangers de s'introduire en France sans contrôle, avec un droit souvent dérisoire, toujours insuffisant. On nous a livré par millions d'hectolitres des vins de médiocre qualité et de faible titre remontés au delà des Pyrénées jusqu'à 15°,90 avec de mauvais alcool de pommes de terre, de fabrication allemande.

La fraude est bien tentante quand le profit qu'on en tire est presque sans limites. Nous avons reçu d'Espagne, en 1891, 9.705.480 hectolitres de vin. Le nouveau tarif des douanes atténuera sans doute cette formidable invasion : elle continuera cependant.

Les agriculteurs français, pour lutter contre nos ennemis ont demandé l'autorisation du vinage et du sucrage, c'est-à-dire de fortifier leurs vins dans les mauvaises années, ou les vins de seconde cuvée. Ils proposaient de le faire avec de bon alcool et du sucre cristallisé, et d'agir sous l'œil et le contrôle de l'autorité.

Parfois ce droit a été nettement refusé, au moment où l'étranger le pratiquait le plus en grand, au détriment de la santé nationale; d'autrefois, la loi l'a reconnu, mais avec des conditions qui le rendaient impraticable.

Il fallait payer un droit de 54 francs si on sucrait, ou un droit de 156 francs si on vinait, alors que l'étranger faisait pénétrer chez nous et entrer dans la consommation ses breuvages vinés à 15 9/10 $_0/^0$ en ne payant qu'un droit d'entrée de 2 fr. 40 *par hectolitre.*

On a compliqué les difficultés, en obligeant le vigneron à transporter à la ville, au bureau de la régie, une portion de sa vendange pour y dénaturer le sucre employé.

Et voulez-vous savoir ce qui est advenu alors? Le vigneron français, mis ainsi dans l'impossibilité de sucrer avec de bons et salutaires produits, avec du sucre cristallisé, a dû, grâce au mauvais vouloir de l'administration, imiter les pratiques de nos concurrents d'Italie et d'Espagne, et avoir recours aux sucres de maïs, qui contiennent 5 $^0/_0$ de dextrine, et aux glucoses du commerce, qui contiennent 18 à 20 $^0/_0$ d'acide sulfurique.

De plus la fraude est devenue générale : l'Etat a refusé le droit de viner légalement à prix réduit, avec un droit de 25 francs, lès fraudeurs ont accepté de fournir l'alcool à ces conditions.

Dans le Midi la fraude est organisée, réglementée; la prime accordée au contrebandier est de 20 francs par hectolitre et la prime allouée à la compagnie d'assurance qui garantit le fraudeur contre les saisies de la régie, s'élève à 5 francs pour la même quantité d'alcool. Abaissez le droit à 25 francs, vous supprimerez la fraude en supprimant l'intérêt des fraudeurs.

L'Etat y gagnerait le premier, puisqu'il perd ainsi chaque année 312 millions par la fraude.

Il dépend de notre gouvernement, de nos Chambres, de décupler le bénéfice en autorisant le vinage à prix réduit. C'est nous qui livrerons le vin à la consommation intérieure et en nous substituant à l'Espagne et à nos excellents amis les Italiens, nous éviterons une exportation d'or de 254.000.000 chaque année.

Mais il appartient aux agriculteurs de réclamer avec énergie et de faire enfin respecter leurs droits.

IX

Entre Français.

L'industrie française a bien su défendre ses droits : elle a envoyé dans les Chambres des hommes qui la représentent.

Toutes ses demandes sont favorablement accueillies : tous ses produits sont défendus contre la concurrence étrangère. Alors que l'agriculture voit rejeter la plupart de ses réclamations, l'industrie parisienne obtient sans peine du gouvernement, le projet de tarif le prouve, des droits protecteurs qui touchent à la prohibition et qui dépassent 550 francs pour la bijouterie fausse et 950 francs pour certains articles de tabletterie par 100 kilogrammes. On ménage ses forces, on lui rend la vie facile. On est moins gracieux, moins généreux pour l'agriculture. Dans l'exposé des motifs qui précède le nouveau tarif douanier, perce un dédain mal déguisé à l'égard du monde agricole et ce dédain se traduit dans le tarif, qui nous fait payer au centuple des produits agricoles fabriqués dont la matière première est livrée sans défense à l'étranger. On vous frappe ainsi deux fois sur le même produit, comme producteur et comme consommateur.

En voulez-vous quelques exemples?

Les laines en masse, les lins et les chanvres bruts, teillés, peignés ou en étoupe, les peaux et les pelleteries brutes, les poils de chèvres, les crins bruts notamment, entreront en franchise ou à peu près, chez nous, le projet de tarif du gouvernement le veut. Ces produits sont à vil prix, en France, quand ils ne sont pas invendables. — Entreront-ils, au moins, en franchise quand ils seront fabriqués? Non. Les tissus de laines, pour robes, paieront, en vertu du même tarif, à l'entrée, 211 francs par 100 kilogrammes; les toiles à bluter sans couture, dont vous vous servez, paieront 198 francs, les tissus unis de poils de chèvre, fabriqués hors d'Europe, 1,000 francs, les tissus de crins, passementeries et autres 400 francs toujours par 100 kilos. La paire de bottes paiera 2 fr. 60 et les souliers, oui, messieurs, les souliers du peuple n'ont pas été oubliés, ils paieront, pour entrer, 1 franc par paire.

C'est ainsi qu'on pratique le libre-échange contre l'agriculture et qu'on trouve le moyen de nous faire payer à l'industrie un impôt qui n'est dû qu'à l'Etat. Et ces mêmes libre-échangistes, vraiment fin de siècle, osent par surcroît nous signaler, nous leurs victimes, à la haine du peuple, en nous qualifiant du « nom de Marquis du pain cher! »

Est-ce là l'égalité qui est inscrite dans nos lois, sur nos monuments et ne sommes-nous pas fondés à demander un changement dans le système économique qu'on nous impose?

Ne leur demandez pas de frapper au moins d'un droit de douane de quelques francs les produits agricoles sacrifiés, qu'ils décorent du nom de matières premières. Ils vous répondront que ce serait la ruine de l'industrie et de l'ouvrier des villes. A qui peuvent-ils faire croire que les quelques francs pour cent qu'on nous accorderait, diminueraient sensiblement les millions de bénéfices réalisés chaque année par l'industrie?

XII

Union de l'Agriculture et de l'Industrie.

Ces deux branches de la richesse nationale devaient vivre dans une union intime, et l'industrie souffre maintenant de ce qu'on n'a pas protégé sa compagne.

Pendant que l'Amérique repousse les produits de nos manufactures, l'Europe affirme ne pouvoir se passer des matières premières que le Nouveau-Monde lui envoie. Il nous faut, s'écrie-t-on de toutes parts, des laines, du pétrole, des peaux, etc : si vous imposez ces matières, tout est perdu.

Oui, Messieurs, il est incontestable que nous sommes tributaires des pays d'outre-mer. Nous avons aliéné notre indépendance en ruinant les unes après les autres toutes nos productions agricoles, les lins après les colzas, le bétail, le mouton notamment, après la betterave, le cocon après la garance. Et nous voyons se dresser devant nous les inconvénients terribles de cette lamentable abdication. A qui la faute, Messieurs? Si au lieu de se jalouser, l'agriculture et l'industrie s'étaient unies; si au lieu de vouloir tirer à elle toute la couverture, l'industrie avait consenti à en céder une partie à l'agriculture, sa compagne nécessaire en même temps que sa meilleure cliente; si l'agriculture avait été protégée comme l'industrie; si on lui avait laissé la faculté de produire sans perte, nous ne serions pas à la merci de l'étranger. Nous serions en mesure de faire face à tous les bills, même les plus menaçants de l'Amérique. Nous aurions gardé nos moutons, et vous auriez des laines, nous aurions décuplé notre élevage, et vous auriez des cuirs : nous aurions continué à cultiver le colza, l'œillette, le lin, et vous n'auriez pas besoin de pétrole ni de sésame. Vous voulez la franchise pour les soies grèges, donnez au moins à la sériciculture française, qui agonise, la somme que vous ne perdrez pas à l'étranger et qu'il en soit de même pour ce que l'on nomme avec un suprême dédain les « sous-produits » de la culture et qui sont, en réalité, des produits sacrifiés.

XIII

Tarifs de pénétration.

Successivement, on a obtenu quelques améliorations au sort de l'agriculture; mais ces progrès restant insuffisants sont compensés, atténués et, pour ainsi dire, réduits à zéro, par les tarifs dits de pénétration, véritable prime à l'importation, et par la liberté du pavillon, c'est-à-dire par la liberté absolue de navigation dans nos ports et sur nos canaux intérieurs.

Je ne vous apprendrai rien, en vous montrant un des côtés les plus curieux et les plus déplorables de l'engouement français pour les étrangers. Quand vous envoyez une barrique de vin de Toulouse à Paris, vous payez, vous ou votre client, les frais de transport de la gare d'expédition à la gare d'arrivée, et il vous semble impossible qu'il en soit autrement. Eh bien! l'étranger est plus heureux que vous. Quand il expédie ses marchandises, on l'exonère d'une partie des frais de transport par des tarifs dits de pénétration. Supposez une tonne d'huile envoyée de Hull (Angleterre) à Paris, elle commencera à payer son transport, en France, à partir d'Amiens. Une tonne de houille expédiée de Cardif ou de Newcastle commence à payer à partir de Lens, la fosse la plus rapprochée de Paris. Le transport d'un mouton allemand de Berlin à Paris, coûte environ 3 francs; il faut payer plus de 6 francs pour un mouton français, avec un parcours moins considérable.

Le blé exotique pour aller de Bordeaux à Limoges (225 km.) paie seulement 8 fr. 50 la tonne alors que le blé indigène pour aller d'Issoudun à Limoges (165 km.) paie 9 fr. 90 la tonne, ce qui représente pour le premier un tarif kilométrique de 0 fr. 377 et pour le second de 0 fr. 60, soit PRÈS DU DOUBLE. Ce fait inouï a été consigné dans une plainte adressée au ministre par la Chambre de commerce de Châteauroux, présidée par l'honorable M. Charles Balsan.

Les primeurs ont aussi leurs privilèges. Nous allons plus loin. Nous poussons la courtoisie jusqu'à céder le pas aux trains allemands ou anglais transportant des bestiaux ou du poisson lorsqu'ils se trouvent dans une gare en présence de trains français ayant même destination; le train français se garera pour laisser passer le train étranger, qui arrivera ainsi le premier sur nos marchés dans les conditions les plus avantageuses. Les tarifs de pénétratration s'appliquent même aux voyageurs : un billet de première classe, aller et retour, de Londres à Paris, coûte moins qu'un billet de même sorte de Saint-Omer à Paris.

Une telle situation n'est-elle pas vraiment intolérable? Et cependant il paraît que cela ne suffit pas et l'on a voulu épargner aux Anglais et aux Américains, en approfondissant la Seine, les ennuis d'un transbordement et les frais de transport par chemin de fer français. Ils useront de leurs navires et de leur personnel, au grand dommage des chemins de fer français, et c'est nous qui payerons les travaux d'approfondissement et de canalisation. On ne saurait être plus.... généreux! On ne leur demandera même pas un droit de navigation.

Les étrangers nous offrent-ils les mêmes avantages? Les voyons-nous creuser le lit de leurs fleuves pour permettre à nos navires d'y entrer plus avant? Nous accordent-ils, au moins, la liberté du pavillon? Ils s'en gardent bien. Les bâtiments français payent à Londres 2 fr. 80 par tonneau de jauge, plus des droits de port, de feux, de pilotage et de docks; 4 fr. 81 à Glascow; 5 fr. 145 à Liverpool. A nos tarifs de pénétration ils répondent par des tarifs facultatifs, qu'ils augmentent à volonté, suivant leurs besoins ou leur caprice.

Nous acceptons leurs bestiaux sans examen; pour nous remercier de cette bienveillance exagérée, ils rétablissent contre nous des droits prohibitifs, repoussant nos bœufs artésiens ou normands, sous prétexte qu'ils sont atteints de péripneumonie ou de peste. Ce sont des vexations de toute nature, des expertises ridicules, des barrières subitement élevées arrêtant nos produits à la frontière, pour fatiguer l'acheteur et déprécier le produit.

XIV

Un exemple.

Nous pourrions multiplier les exemples sur ce chapitre des tarifs de pénétration. Il suffira d'en citer un seul concernant les fruits et les légumes frais. Avant la dénonciation du traité italien, sous le régime de ce traité, jusqu'en 1887, le transport des fruits et des légumes frais d'origine italienne, sur Paris, s'élevait de Milan, à 218 francs, de Turin, à 193 francs.

Nos Chambres, en réponse à la dénonciation du traité de commerce jeté par l'Italie à la face de la France, en réponse à son ingratitude, à ses provocations, nos Chambres s'empressent de frapper d'un droit de douane de 50 francs la tonne de légumes frais italiens, de 75 francs la tonne de raisins frais et de 10 francs la tonne de fruits.

Les pouvoirs publics, voulaient, en frappant particulièrement les raisins frais d'Italie, de l'énorme droit de 75 francs la tonne, prohiber l'entrée du vin italien sous forme de raisin.

On pouvait espérer qu'eu égard aux motifs de ces votes et aux circonstances particulièrement pénibles pour la France qui les avaient précédées, la compagnie P.-L.-M. saurait résister à toutes les demandes de Crispi et de ses amis. C'était bien mal connaître la compagnie ! Les surtaxes étaient à peine votées (voir le tarif commun n° 110 P.-L.-M.), qu'un tarif international de transport, aussitôt homologué par le gouvernement, est publié, tarif qui concède aux légumes et fruits frais de provenance de Milan et de Turin la faveur de parcourir les 930 kilomètres ou les 786 kilomètres, qui séparent ces deux villes de Paris, pour le prix uniforme de 140 francs la tonne. Le droit de 75 francs, voté par les Chambres, est par ce procédé, réduit à 15 francs la tonne, en même temps qu'une véritable prime de 10 à 50 francs par tonne est allouée aux légumes et fruits frais de provenance italienne. Est-il utile d'ajouter que cette même compagnie, par contre, laissait peser sur les transports des fruits d'origine française, pour une distance moindre (de la région de Barbentane, d'Avignon et d'Orange sur Paris), le tarif de 280 francs, et sur les transports de légumes frais le tarif de 155 francs! Les fruits italiens jouissent ainsi *en tenant compte des droits de douane et des faveurs de la pénétration*, d'une *prime de 50 francs* par tonne, qui avilit les prix de leurs similaires d'origine française ou les rend invendables.

Le poisson que l'on envoie de nos ports dans les grandes villes, surtout à Paris, paie moins cher s'il vient de l'étranger, que s'il a été pris par des Français, et souvent nos pêcheurs trouvent leur profit à déclarer ce qu'ils ont pris, comme poisson anglais.

Envoyez de Besançon à Paris deux montres, l'une suisse, l'autre française, le tarif ne sera pas le même pour les deux, et la faveur sera pour la fabrication étrangère.

XV

La vie à bon marché.

Quand on a présenté au pays le nouveau système économique, pour le faire accepter par la foule, on lui annonçait la vie à bon marché. Et la vie n'a jamais été plus chère. A Marseille, dans cette forteresse du libre-échange, dans ce grenier immense de blés étrangers, le kilo de pain vaut ordinairement 50 centimes, prix qu'il n'a jamais atteint sous le régime de l'échelle mobile.

Est-ce au moins la prospérité qui est sortie de nos conventions commerciales?

Regardez autour de vous, avant de répondre à cette question, et dites-moi si la promulgation d'un traité de commerce n'a pas été partout l'arrêt de mort, le glas funèbre d'une industrie ou d'une branche de l'agriculture? Si cette promulgation n'a pas été le signal de la fermeture d'un atelier et du renvoi de nombreux ouvriers, dont le sort, désormais, sera d'errer, sans asile et sans pain, dans nos campagnes?

Nous en sommes venus, nous Français, au point de demander à nos gouvernants, contre l'étranger, non pas un privilège, mais l'application du régime établi au profit de la nation la plus favorisée. Nous vous supplions, pouvons-nous dire au gouvernement, de ne point nous punir d'être Français : ne nous faites pas payer plus d'impôts que vous n'en faites payer aux étrangers; accordez-nous, comme à eux, le bénéfice des tarifs de pénétration, et puisque vous leur concédez, à notre détriment, la liberté de naviguer gratuitement sur les canaux, que nous avons payés de notre argent, priez-les de contribuer, désormais, avec nous à l'exécution de ces travaux.

Pour gagner l'ouvrier à la cause du libre-échange, on lui a promis la vie à bon marché. Promesse trompeuse! Illusion d'un instant, que des faits navrants se sont chargés de dissiper! Quand la blouse valait 5 francs, l'industrie était prospère, le travail constant, les salaires élevés; l'ouvrier avait en poche de quoi payer cette blouse. Aujourd'hui, l'atelier est fermé, le travail n'existe plus, le salaire est nul; peu importe à l'ouvrier le prix de la blouse, fût-il inférieur à 3 francss. Il n'a pas d'argent pour la payer!

La vie à bon marché! C'était le rêve des partisans

de la liberté commerciale. Quelle déception! Le prix du pain a-t-il baissé depuis que nous sommes envahis par les blés exotiques? Le prix de la viande a-t-il diminué depuis que les Américains et les Allemands nous expédient leurs porcs, leurs bœufs et leurs moutons?

Laissez-moi vous citer des chiffres.

Au temps de l'échelle mobile, le pain valait 30 centimes le kilo. Il vaut en ce moment de 35 à 50 cenmes.

La viande valait 55 centimes le demi-kilo; elle vaut aujourd'hui 1 fr. 10.

Plus il entre de blé et de viande, plus la vie devient chère, et cela se comprend aisément : c'est notre production qui règle le marché. S'il n'y a pas de blé ni de viande chez nous, l'étranger élève son prix; s'il y a production abondante, il le baisse ou s'abstient.

On nous objecte qu'en fermant nos portes nous nous exposerions à augmenter l'intensité de la crise. C'est une erreur. Nous pourrions être gênés pendant trois ou quatre mois; mais nous arriverions bien vite à équilibrer nos forces et à faire face à tous nos besoins.

Un fait tout récent vient à l'appui de cette assertion, que la prohibition n'amène pas nécessairement une hausse des produits prohibés.

Voyez ce qui est arrivé pour les porcs américains, si chers aux ennemis de notre agriculture. On en interdit l'entrée. Le prix de la viande de porc augmente-t-il? Non. Le contraire se produit, l'éleveur français se met à l'œuvre, reprend courage, triple ses élevages et sa production et jamais, entendez-vous, jamais le porc n'a été à si bas prix et d'aussi bonne qualité. Nos concitoyens ont gagné à cette prohibition de ne plus être trichinés et de conserver à la France en six mois (c'est le chiffre officiel relevé dans la statistique du ministre des finances) 47.854.000 francs (quarante-sept millions huit cent cinquante-quatre mille francs) ; c'est autant de gagné sur l'ennemi, c'est autant de sauvé.

XVI

Achats de l'État.

L'État, dont le premier devoir devrait être de protéger ses nationaux, paraît prendre à tâche d'être agréable, dans les adjudications, aux soumissionnaires étrangers. S'agit-il de blé ? On exige des espèces que la France ne produit pas. D'avoine ? on préfère celles d'Odessa qui ne valent pas les nôtres. On va chercher à l'étranger les conserves de viande, jusqu'à la paille. Pour les travaux de Paris, on ne repousse pas les matériaux étrangers. Pour l'exposition de 1889, on a autorisé les entrepreneurs à se servir d'ouvriers étrangers malgré les réclamations portées à la tribune.

Les chemins de fer de l'État demandent à l'Allemagne leurs rails et leurs essieux.

En 1884, on a acheté en Angleterre huit cents chevaux d'officiers qu'on a payés 1.200.000 francs.

Le 26 mars 1884, le port de Toulon, c'est-à-dire l'Etat, achetait 300.000 kilogrammes de blé tendre d'Amérique, n° 2.

En 1885, le port de Brest achète 600.000 kilogrammes blé tendre d'Amérique d'hiver, en trois lots.

Le 12 février 1885, des avoines prussiennes sont arrivés à Nantes pour la cavalerie française, achetées par le ministère de la guerre.

Et cependant nous possédons des forges et des

hauts-fourneaux qui chôment; nous élevons des chevaux en France; nous y récoltons, de qualités égales, du blé et de l'avoine, invendus et invendables.

On reproche à l'Etat de n'accepter que des soumissionnaires étrangers. Mais l'Etat répond qu'aucune maison française ne pourrait fournir les quantités demandées. Il est certain qu'aucun syndicat pris individuellement, ne pourra fournir, par exemple, les 900.000 quintaux d'avoine que l'Etat demande annuellement à la Russie. Mais il serait facile de s'entendre et de favoriser tous les syndicats à la fois.

Le président du Syndicat central, mis en rapport avec les présidents des Syndicats départementaux et connaissant les qualités et les existences disponibles pourrait se présenter et soumissionner. Il en serait de même pour les blés de la guerre, pour les conserves de la marine, pour toutes les fournitures en général.

La même incurie se retrouve partout et a des résultats désastreux. Il y a peu de temps on a découvert dans les magasins de l'armée 800.000 paires de chaussures avariées. La couture ne tenait plus, les empeignes avaient perdu leur graisse et commençaient à tourner intérieurement à l'amadou.

La Commission du Syndicat des cuirs fait un rapport, dont elle a donné lecture au ministère, pour réclamer l'emploi des cuirs français dans l'armée; cela donne l'explication des mésaventures obtenues par les fournitures étrangères :

« La qualité des cuirs français est incontestablement supérieure, au point de vue de l'usage, à ceux des autres nations; aucun motif, aucune lacune dans une branche quelconque de notre industrie, ne nous oblige à avoir recours aux étrangers pour combler les besoins multiples de l'équipement et si, depuis quelques années principalement, l'emploi des cuirs anglais ou belges s'est introduit d'une façon démesurée et inquiétante dans les fournitures militaires, notamment dans le service de l'artillerie et du harnachement, il faut bien avouer que la cause en est due surtout aux exigences de certains cahiers des charges et à la difficulté, pour ne pas dire à l'impossibilité, de leur donner satisfaction.

« En effet, la qualité d'un cuir bien fabriqué, tanné lentement, comme la pratique l'exige, ne se manifeste pas par la résistance immédiate à une tension excessive; elle s'affirme par sa durée, par la façon dont il se comporte, suivant les emplois auxquels il est soumis, à l'humidité, à la sécheresse, à toutes les intempéries et en face d'un séjour prolongé en magasin. Or, l'expérience démontre péremptoirement que moins un cuir a subi d'opérations de tannage, plus il est à l'état de parchemin, et plus sa rupture présente de difficultés; conséquemment, la contradiction est flagrante entre la nécessité de fournir un cuir réunissant toutes les qualités d'un *tannage rationnel irréprochable* (comme celui de France) et l'obligation, pour le même cuir, de répondre à un effort de traction exagéré.

« C'est grâce aux difficultés soulevées dans les commissions de réception qu'une grande partie des corroyeurs pour l'équipement, s'est vue contrainte de s'adresser à un autre genre de fabrication et à trouver en Angleterre et en Belgique, grâce au tannage dit *à la flotte*, le remède à cet inconvénient, au grand détriment de tous et de la réelle valeur des fournitures en particulier. Le cuir anglais, en effet, dont la fabrication est très rapide, a, sur le nôtre, par cela même, l'avantage de résister victorieusement à l'épreuve dynamométrique, au moins aussitôt qu'il est fabriqué, tout en offrant à la section les apparences d'un excellent tannage. Mais le tannin, comme dans les cuirs français, ne l'a pas pénétré lentement et intimement; il n'en a pas fait un corps serré, imputrescible, ne s'altérant pas sous l'influence de variations atmosphériques et ne se décomposant pas par le séjour prolongé en magasin. C'est là ce qui constitue la différence considérable entre les deux genres de cuirs, et c'est par les conséquences qui en découlent que les intérêts du Trésor, de l'armée et de la tannerie française sont gravement compromis.

« Les nations étrangères, stipulent, dans leurs formules de soumission, que les cuirs, aussi bien que les objets de sellerie, de harnachement et d'équipement doivent être d'origine et de fabrication indigènes. Nous est-il permis d'agir autrement? Est-ce que le droit strict et l'équité ne nous créent pas le devoir étroit de défendre devant vous une cause aussi bonne, autant dans l'intérêt du pays que dans celui de notre industrie si menacée? Et, du reste, si les approvisionnements de l'armée s'effectuaient au moyen des ressources étrangères, comment pourrions-nous y subvenir au moment du danger? »

Il faut donc demander l'emploi exclusif de la tannerie française et l'emploi exclusif de cuirs tannés au chêne.

Ce n'est pas généralement pour faire des économies que l'État s'adresse aux fournisseurs étrangers : c'est toujours une affaire de juiverie, qui ruine à la fois et le fournisseur français et l'État lui-même : le juif seul y trouve son profit. En voici une preuve de plus :

Le *Bulletin des Halles* raconte que, par un cahier des charges en date du 21 août 1891, le ministre de la guerre a mis en adjudication la fourniture de

5.500.000 tablettes de sucre de 42 grammes chacune, ce qui représente un total de 315.000 kilos.

L'adjudication a eu lieu au prix de 139 fr. 20 les 100 kilos. Or, à la date du 21 août, le sucre, qui coûte aujourd'hui de 106 à 107 francs, était coté 100 fr. 82 : ce qui eût abaissé la facture de cent trente-et-un mille francs.

Ainsi, M. de Freycinet a, d'après le *Bulletin des Halles*, payé *cent trente-et-un mille francs* de plus qu'un particulier achetant la même quantité de sucre.

XVII

Le crédit agricole.

Il faut conquérir le crédit agricole pour lequel rien n'a été fait encore. On l'a jusqu'ici cherché en vain. On le trouve pourtant à l'étranger. On le trouve aussi chez nous, mais loin de la métropole, dans nos colonies, où, sous le nom de Banques coloniales, il rend d'immenses services.

Pourquoi la France est-elle privée du bénéfice d'une institution qui fonctionne si heureusement dans ses annexes et chez ses concurrents ? Ayons le courage de le dire : c'est qu'il faudrait favoriser l'association et on la tue ; c'est que la religion est la condition nécessaire de la probité et on veut la détruire, c'est aussi parce qu'on cherche le crédit où il n'est pas. Nos législateurs et nos gouvernants, pleins de bonnes intentions, il n'en faut pas douter, oublient que le crédit ne s'impose pas, qu'il n'est pas une œuvre d'imagination, un résultat qu'on peut improviser à l'aide d'un mécanisme bien inventé. C'est, en effet, la chose du monde la plus matérielle et la moins imaginaire. Pour naître, le crédit présuppose nécessairement deux causes essentielles :

la garantie morale et la garantie réelle, matérielle. Hors de là, le crédit n'est qu'une illusion, un engouement ou un leurre.

Il faudrait l'appui loyal et intelligent du gouvernement, et par suite des influences qu'il subit, par suite de l'apathie des agriculteurs, toutes les faveurs sont pour nos ennemis.

Lorsque l'étranger veut emprunter, toutes les facilités, tous les avantages lui sont donnés ; ses désirs sont des ordres.

Est-ce que toutes les nations ne viennent pas, tour à tour, puiser dans nos coffres et se pourvoir chez nous de l'or qui leur manque?

Sans parler des autres, n'avons-nous pas versé aux mains des Italiens, près de 3 milliards qui leur servent à multiplier leurs armements dirigés ostensiblement contre la France, et à faire bonne figure dans la triple alliance? Les Anglais, gens à l'esprit pratique, ont été moins larges : ils n'ont prêté que 290 millions, et les Prussiens, les maîtres, les alliés de l'Italie, seulement 430 millions. La dette publique Italienne dépasse aujourd'hui 10 milliards. Il en résulte que nous avons mis à la disposition de l'Italie 78 °/₀ des sommes qu'elle a pu trouver au dehors!

Le gouvernement lui-même, qui a tant de peine à équilibrer son budget, accorde au vassal de la Prusse, à M. Crispi, le plus arrogant et le plus haineux de nos adversaires, des immunités qu'il refuserait impitoyablement à nos nationaux. Le renouvellement des titres de la rente Italienne la rendait passible d'un droit de timbre de deux millions au profit du Trésor français. On lui en a fait grâce, alors que la Prusse elle-même refusait une pareille faveur. Faut-il donc se faire Italien pour être protégé en France?

XVIII

La représentation.

Quand l'Angleterre conçut le projet de nous ruiner par les traités libre-échangistes en 1860, une mission fut envoyée, qui comptait parmi ses membres Cobden et Bright; à cette mission était adjoint un conseil de spécialistes qui appartenaient à l'agriculture et à toutes les branches de l'industrie et du commerce. Les négociateurs étaient tenus de les consulter sur chaque article du traité. Nous opposions aux agents du gouvernement anglais MM. Rouher, Baroche et Michel Chevalier, sans conseil.

Ces bons avocats, malgré tout leur talent, furent dupés par nos adversaires, ou trahirent les intérêts de la France.

Quand Bright revint en Angleterre, après l'heureux succès de sa mission, un membre du Parlement lui reprocha d'avoir fait à la France trop de concessions; Bright lui répondit : « Si l'honorable gentleman qui m'attaque était Français, il serait épouvanté des concessions faites par la France à l'Angleterre, et il demanderait notre mise en accusation. » L'Anglais avait raison. Nous pouvons à l'heure présente juger l'arbre par les fruits qu'il a portés, les traités de commerce par les résultats qu'ils ont produits!

Nous laisserons-nous toujours duper, par ceux qui doivent défendre nos intérêts?

Des élections sont prochaines : choisissez pour vous représenter des hommes qui partagent vos idées économiques; si leur passé vous est inconnu, interrogez-les et au besoin imposez-leur un mandat impératif. C'est votre droit, et nul ne trouvera extraordinaire que vous l'exerciez.

Demandons ensemble la suppression des octrois intérieurs; qu'ils soient reportés à la frontière terrestre ou maritime : l'étranger seul les payera; et, pour dédommager les villes, on leur donnera, sur le produit des octrois de mer et de frontière, une indemnité équivalente à la perception dont elles sont privées, et nos produits seront exonérés.

Demandons aux Compagnies de chemins de fer l'abaissement du prix de transport et l'égalité devant les tarifs.

Demandons à l'État qu'il construise des canaux qui profitent à la France, et non pas seulement à l'étranger.

Demandons enfin qu'on applique sérieusement à la frontière, aux produits étrangers, la loi sur la falsification des matières alimentaires, et qu'on prohibe à l'entrée toute denrée, tout liquide, tout vin frelaté, viné ou artificiellement coloré. Vous protégerez ainsi votre loyal commerce contre les fraudes de vos voisins.

XIX

Mais l'agriculture est déjà représentée

La loi du 20 mars 1851 donna un semblant de satisfaction à l'agriculture : elle était étroite et insuffisante. Un décret du 25 mars 1852 supprima son principal avantage en supprimant l'élection des chambres consultatives par les intéressés eux-mêmes, par les agriculteurs. Et nous sommes encore sous ce régime.

Le Conseil supérieur d'Agriculture est composé de 100 membres. Il comprend en 1891 : 40 sénateurs ou députés de la majorité, 2 députés non réélus,

28 fonctionnaires, 20 agriculteurs ou savants s'occupant d'agriculture et 10 personnages sans qualité.

Il faudrait bien chercher pour trouver dans ce remarquable cénacle quelques amis sincères et dévoués. Pris individuellement, ce sont assurément gens honorables; considérés collectivement, il nous est permis de dire qu'au point de vue agricole, — le seul important pour nous, — ils ne valent rien. C'est une assemblée politique, qui se montre souvent moins généreuse envers nous que le gouvernement lui-même.

En voulez-vous un exemple? Quand il s'est agi pour protéger l'élevage de la région de l'Ouest, de frapper d'un droit d'entrée le lard d'importation américaine, le Conseil supérieur abaissa le prix à 12 francs quand le gouvernement en proposait 20 au 100 kilos.

Récemment ce Conseil a été consulté sur un projet de loi présenté par M. Méline, pour obtenir une vraie représentation de l'agriculture.

Cet excellent Conseil, ce défenseur imposé à l'agriculture, saisi de la question, avait repoussé le suffrage direct: il s'était prononcé pour le suffrage à deux degrés. La mission de nommer des délégués, qui à leur tour auraient choisi les membres de la chambre consultative, était confiée aux conseils municipaux. Or, vous n'ignorez pas que le conseil municipal est composé souvent en majorité, même dans les communes rurales, de personnes étrangères à l'agriculture; vous n'ignorez pas que la politique s'y est introduite depuis la loi sénatoriale qui a établi le suffrage à deux degrés. L'inspiration du gouvernement était évidente : il était clair qu'on se défiait de l'agriculture : on voulait avoir ces chambres consultatives, dociles, pas gênantes, toujours disposées à adopter les solutions qu'on leur ferait pressentir.

Plutôt que d'accepter le projet libéral de M. Méline, on préféra nous laisser sous le régime dictatorial de 1852, et l'ajournement fut décidé.

Voilà où nous en sommes, voilà tout ce qu'a pu faire pour la représentation de l'agriculture la bienveillance de nos gouvernants. Qu'aurions-nous donc vu, s'ils avaient été malveillants?

Il existe, à la vérité, des sociétés d'agriculture, des comices et des cercles agricoles répandus dans tous les départements. A Paris, la Société des Agriculteurs de France tient chaque année une session où l'on discute avec compétence, les questions qui ont rapport à l'agriculture, mais les décisions prises sont dépourvues de sanction ; les vœux émis s'entassent, pour n'en jamais sortir, dans les cartons des ministères. Le pouvoir ne s'en émeut pas, il semble n'y attacher qu'une importance relative et s'en désintéresser presque entièrement.

Au contraire, le commerce et l'industrie ont des représentants autorisés de leurs droits. Les chambres de commerce et les chambres des Arts et Manufactures, organisées par décret du 30 août 1852, ont la quulité reconnue par l'Etat, de défenseurs légaux de l'industrie et du commerce. Ces chambres sont électives. Elles sont une émanation directe des intérêts qu'elles ont mission de soutenir. Quand une chambre de commerce émet un avis, elle a le droit d'être entendue et on a le devoir de l'entendre.

L'agriculture n'a point cet avantage. Elle n'a pas de représentation légale. Quand elle parle on peut l'inviter à se taire, car elle n'a pas le droit d'être écoutée.

Autre anomalie singulière, le Conseil de l'agriculture n'a que voix consultative. Il répond quand on l'interroge : et il parle seulement sur les questions que le gouvernement lui pose. Vour riez, Messieurs, c'est pourtant la pure et franche vérité.

On consulte le plus souvent les chefs de bureau au ministère de l'agriculture ; aussi, on est bien renseigné.

XX

Que faut-il faire?

S'agit-il de ne nommer députés que des cultivateurs, d'en envoyer au moins quelques centaines à la Chambre et au Sénat? Non, ce n'est pas nécessaire. Cependant, je ne vois pas pourquoi on n'en enverrait pas un certain nombre, plus qu'il n'y en a eu généralement. L'agriculteur peut tout aussi bien qu'un avocat ou un médecin prendre part aux affaires publiques : personne ne pourra le remplacer pour la compétence dans les affaires agricoles.

Serait-il exagéré de demander que le ministère de l'agriculture ne soit pas confié au premier venu, même au député ignorant des choses les plus élémentaires de la culture?

Mais l'essentiel est que les électeurs qui vivent de la terre s'entendent pour nommer des députés qui défendent leurs intérêts.

La nuance politique du candidat importe peu. Posez-lui nettement la question : Veux-tu défendre l'agriculture, soutenir mes droits méconnus, m'aider à me relever? Tu peux compter sur mon suffrage. Sinon, je m'adresse à côté. Les candidats ne manquent jamais ; on en trouve de reste ; il s'en présentera certainement qui seront trop heureux d'accepter nos conditions.

Pour en venir là, pour obtenir ce résultat immense d'une représentation nationale dévouée en majorité aux intérêts agricoles, fidèle à son mandat et disposée à mettre toujours ses actes d'accord avec ses promesses, une action d'ensemble est nécessaire. Vous composez les deux tiers du corps électoral. Divisés, vous ne comptez pas. Unis et d'accord, vous êtes une force capable de tout soulever.

Les ouvriers vous donnent l'exemple. Ils ont compris le parti qu'ils pouvaient tirer de l'union ; ils se sont syndiqués et fédérés. Ils traitent d'égal à égal avec le pouvoir. Ils ont au Parlement des représentants qui savent les défendre et qui ne capitulent pas. Le Syndicat des Mineurs du Pas-de-Calais, qui compte 15.000 adhérents a conquis deux circonscriptions électorales : il a envoyé à la Chambre MM. Basly et Lamendin. Vous êtes plus nombreux : avez-vous jamais obtenu pareil résultat ?

Les socialistes n'auront pas besoin de recourir à la dynamite pour transformer la société. Ils ont à leur disposition un moyen plus simple, plus efficace : le bulletin de vote.

Servez vous donc de ce bulletin de vote et ne l'accordez jamais qu'à celui qui promet de soutenir votre cause.

Passez la frontière ; allez en Angleterre, en Allemagne, dans la libre Amérique ; vous y verrez l'agriculture quelquefois malheureuse, mais régnant toujours en maîtresse ; elle prospère, elle ne craint que les éléments et votre appauvrissement, car elle peut importer chez nous.

L'agriculture y est représentée. Aux Etats-Unis, les députés ruraux sont à l'égard des députés urbains, dans la proportion de dix contre un.

La première loi qu'il faut exiger des députés ainsi nommés, c'est l'institution de chambres agricoles, semblables aux chambres de commerce.

Elles doivent être nommées directement par vous, et ne compter que des hommes intéressés à la culture du sol; elles n'auront pour mission que de défendre l'agriculture, de faire valoir ses droits auprès des pouvoirs constitués, aussi bien dans le département, qu'auprès du gouvernement lui-même; de donner leur avis sur les projets de loi concernant la population agricole, et d'en préparer elles-mêmes afin de résoudre d'une manière pratique et utile les questions qui se présentent et peuvent avoir des conséquences tout opposées pour l'agriculture, selon la manière dont elles seront tranchées : le crédit agricole est un exemple et une question des plus importantes.

Rappelez-vous ce qui s'est passé en 1885. La récolte du lin manque en Russie. Aussitôt des commissionnaires se répandent dans le Nord, accaparant à vil prix tous les lins disponibles. Le cultivateur ne résiste pas au plaisir de se débarrasser d'une marchandise qui ne trouvait pas preneur quinze jours auparavant. Il livre sans discuter. Un mois plus tard les raisons de cet empressement à acheter se découvrent et la culture regrette d'avoir vendu. Supposez des Chambres agricoles centralisant les renseignements, entretenant des correspondances avec nos agents consulaires à l'étranger; un télégramme suffisait pour nous avertir et nos agriculteurs du Nord, profitant de la situation, réalisaient un important bénéfice.

Ces Chambres agricoles pourront rendre beaucoup d'autres services encore: en fournissant de précieux renseignements en trouvant et en faisant connaître des débouchés nouveaux pour nos produits agricoles, dans nos colonies ou dans les pays étrangers ; l'agriculture allemande, puissamment organisée, est en relations suivies avec les agents consulaires à l'étranger, qui leur indiquent les marchandises et les produits qui font défaut, qui abondent et dont l'introduction serait avantageuse ; de sorte qu'un navire allemand, comme ceux d'Angleterre ou d'Amérique, ne part jamais à vide et presque jamais sur lest ; en organisant les ventes publiques et loyales qui empêcheraient les accaparements et les tromperies dont on a eu tant à se plaindre depuis quelques années, etc.

Y a-t-il rien de plus sage que tout cela, et ne faut-il pas le demander avec la dernière énergie. Notre condamnation, ce déni de justice se comprendrait dans l'hypothèse d'une hostilité du monde agricole envers la République. Mais chaque élection prouve que les populations des campagnes sont pour le gouvernement un solide appui. Ce sont les paysans qui ont affermi la République. On ne rencontre point parmi eux les ennemis de l'ordre et les révoltés. Ce n'est pas pour eux qu'on a besoin de consigner la troupe dans les casernes et de mettre en mouvement la force armée. Ils travaillent et ne se plaignent guère. Partisans de la stabilité, redoutant les changements, à peine ont-ils, en 1885 et en 1889, essayé de donner au pouvoir un timide avertissement.

Pourquoi donc, continue-t-on à vous refuser la représentation que vous réclamez? Il faut le dire hautement. Parce qu'on veut vous sacrifier aux grandes villes, aux ports de mer, parce qu'on *veut vous tenir en laisse et vous tondre à volonté.*

Êtes-vous disposés à vous laisser faire plus longtemps !

XXI

Organisons-nous.

Si on le voulait, cette année 1893 verrait le triomphe de l'agriculture. Quelques mois nous séparent encore des élections législatives : il faut les bien employer et dans tous les départements de la France, il faut instruire les cultivateurs, ainsi que tous ceux qui vivent de l'agriculture, d'une manière ou de l'autre.

La pétition, que cette brochure explique, doit être répandue, signée, commentée partout. C'est le premier moyen d'éclairer l'opinion publique, et de grouper un grand nombre de noms, non seulement des hommes, mais aussi des femmes qui ont des intérêts dans la culture de la terre.

Il faut ensuite réunir les signataires de la pétition pour éclairer davantage les esprits, affermir les convictions et aviser aux moyens à prendre pour étendre l'action et assurer le succès. A la campagne les lieux de réunion ne manquent pas, pour grouper 20, 30 ou 50 personnes : les grandes cuisines de ferme, les granges, les hangars, etc., sont parfaits pour cet usage.

Mais qui doit faire ces réunions ? N'importe qui peut s'en charger, un fermier, le propriétaire, un ouvrier énergique : il suffit au début de lire la pétition pour en bien saisir le sens ; on peut y ajouter quelque chapitre de cette brochure, dont on coupera la lecture par des réflexions appropriées.

Cette lecture sera instructive, et comme elle s'adressera à des hommes qui sont intéressés à ces questions, elle sera toujours suivie d'une causerie amicale, où chacun pourra dire son mot avec grand profit pour tous.

On pourra donner de temps en temps une conférence plus savante pour un plus grand nombre d'auditeurs : l'essentiel est de commencer le mouvement.

Il y a dans chaque commune des hommes qui devraient être les premiers à montrer leur sollicitude pour leurs compatriotes en organisant le pétitionnement et les réunions : l'homme riche et instruit, qui veut utiliser son influence et ses loisirs pour le bien général; le curé qui devant être le père de tous ses paroissiens n'a pas le droit de se désintéresser d'une question aussi grave que celle dont nous parlons : il sera récompensé de son dévouement par l'estime et la confiance de tous, qu'il gagnera tant pour sa personne que pour la religion elle-même.

L'an dernier Mgr l'Evêque de Versailles n'a pas craint d'intervenir publiquement pour protéger le bien être et la santé de ses diocésains dans une question qui touche beaucoup à l'agriculture, l'utilisation des matières fertilisantes dont Paris est trop riche. Tous les curés de la campagne peuvent prendre un rôle influent et honorable dans cette question de l'agriculture : ils le peuvent d'autant mieux que cette question n'est pas de celles qui divisent, qu'elle n'entre pas dans les mesquines rivalités des partis politiques. Le clergé n'a-t-il pas été le fondateur de l'agriculture en France? n'est-il pas resté pendant des siècles son protecteur le plus puissant et le plus dévoué? Quel dommage qu'il ne sache plus aujourd'hui s'inspirer de ces nobles traditions : il n'y a peut-être pas de moyen plus efficace de rendre à la religion catholique l'affection des peuples, qui s'en détachent surtout, parce qu'ils la croient inutile.

Dans chaque village il est facile de former un comité avec quelques bons citoyens, quelques femmes vraiment dévouées, de trouver un ou plusieurs représentants dans chaque hameau, et de répandre la pétition de tous côtés. Il est impossible qu'elle ne soit pas bien accueillie partout.

Pour rendre l'action générale et décisive, il faudrait que dans chaque circonscription électorale, il y eût un comité directeur qui s'occuperait à la fois de fonder des comités locaux dans les communes qui n'en ont pas et de développer leur action. Il n'est pas inutile d'obtenir une direction départementale entre les divers comités de circonscription électorale : elle résultera tout naturellement de l'union des bureaux de ces derniers comités. On peut également l'obtenir par d'autres moyens, l'essentiel est qu'elle existe.

On peut avoir un comité cantonal dans chaque canton, qui s'entendra avec le comité de la circonscription électorale et qui concertera tous les efforts dans les paroisses du canton : mais le plus important est d'avoir un comité local dans chaque paroisse. Si la commune est considérable, nous conseillons de la diviser en quartiers ou en hameaux, en les multipliant autant que le chiffre de la population le réclame.

Il y aurait à la tête de chaque comité un président avec autant de vice-présidents qu'il sera nécessaire. Un vice-président dans un hameau écarté pourrait se charger d'y organiser les causeries dont nous avons parlé : il est important de ne pas demander, ordinairement du moins, un déplacement considérable à ceux que l'on convoque et qui sont déjà fatigués par leurs travaux ; il vaut mieux multiplier les réunions, et n'avoir qu'un petit nombre d'auditeurs chaque fois.

Chaque comité doit avoir en plus de son président et de ses vice-présidents, un secrétaire et un trésorier : il est bon qu'il puisse disposer de quelques ressources. On peut se procurer 5, rue Bayard, à Paris, les documents dont on a besoin pour soutenir la cause de l'agriculture.

Le secrétaire dresse avec soin sur un registre, par rue ou par hameau, la liste de tous ceux qui ont signé la pétition, afin de les convoquer aux réunions ultérieures. Chaque membre du comité doit avoir une part de travail déterminée, et à chacune des séances, chacun rend compte de ce qu'il a pu faire.

Si nous le voulons nous pouvons triompher bientôt, nous avons la force et le droit. A l'œuvre donc pour l'agriculture et pour la France.

XXII

La pétition scolaire.

Il est fort utile de joindre, dans les campagnes, la pétition scolaire à la pétition agricole. Outre la grande importance de cette dernière question, au triple point vue moral, social et économique, on y trouvera le moyen d'intéresser les populations dans une foule de réunions.

Le livre explicatif de la pétition scolaire, qui a pour titre **Contre les lois scolaires**, *le catéchisme à l'école et la liberté des communes* est rempli de faits, de chiffres, de documents de toute espèce qui faciliteront les causeries les plus variées et les conférences les plus nombreuses sur cette question.

TABLE DES MATIÈRES

Paris. — J. Mersch, imp., 22, place Denfert-Rochereau.

OUVRAGES TRÈS UTILES

POUR

L'ACTION SOCIALE CATHOLIQUE

On les trouve, 5, rue Bayard, Paris.

Le Bulletin mensuel de l'Action sociale catholique, 2 fr. par an.

Règlement général de l'Action sociale catholique, 5 cent. l'ex.

Pétitions en faveur de la réintégration des Sœurs dans les hôpitaux, à signer à Paris et dans la banlieue. On les donne gratuitement.

Rendez-nous les Sœurs, brochure pour appuyer cette pétition, 20 cent. l'ex. (fortes remises aux libraires).

Pétitions contre les lois scolaires, gratis, à signer en province.

Pétitions en faveur de l'agriculture, gratis, pour les campagnes.

Deux brochures, appuyant ces pétitions, et semblables à *Rendez-nous les Sœurs*, sont en préparation et seront vendues au même prix.

Evangile de saint Matthieu, broché, 40 cent. l'ex. — Remises considérables si on prend par quantités. — Reliure, 45 cent. en plus, sans remise sur la reliure.

Saint Marc et saint Luc, puis *saint Jean et les Actes*, aux mêmes conditions.

Evangiles et Actes ensemble, 1 fr. brochés, avec remise; reliure, 50 cent. en plus.

Evangiles de poche, aux mêmes conditions, mais moitié moins cher.

La Réforme des Etudes classiques, forte brochure de 96 pages in-4, se vend aux mêmes conditions. C'est le livre le plus utile à répandre en ce moment, après l'Evangile.

Trois Réponses de M. l'abbé Garnier sur la réforme classique, 3 fr. le cent.

L'Apostolat des enfants, ou Catéchisme des Petits, 5 cent. l'ex.

Comment la France sera sauvée, 5 cent. l'ex.; 4 fr. le cent; 35 fr. le mille.

L'Adoration sociale du Sacré-Cœur, mêmes conditions.

L'ordre social chrétien, mêmes conditions.

Premier Congrès de la Ligue catholique, mêmes conditions.

Loi de Beaumont ou *Organisation chrétienne de la propriété*, mêmes conditions.

Petit commerce et grands magasins, mêmes conditions.

Caisse de famille et autres œuvres économiques, 10 cent. l'ex.; 8 fr. le cent; 70 fr. le mille.

La Solution des Questions sociales ou *Canevas de Conférences sociales*, 10 cent. l'ex.; 8 fr. le cent; 70 fr. le mille.

Le Relèvement de la Paroisse, 5 cent. l'ex.; 3 fr. le cent; 25 fr. le mille.

Le Rachat de la France. — La France aux pieds du Sacré-Cœur. — Ligue de l'Evangile. — Trésor du Sacré-Cœur de Jésus. — Soyez Bassin. — Règlement de vie pour un chrétien. — Réflexions sur le Salut. — Programme de la Ligue catholique. — La Réforme de l'enseignement, petites feuilles de 4 pages chacune, 60 cent. le cent; 5 fr. le mille.

Le Bureau diocésain, 1 fr. le cent.

Le Secrétariat du Peuple, 1 fr. le cent.

Le Clergé et la bonne Presse. Cet opuscule se donne gratis.

La lutte contre le mal, 35 cent. les dix; 1 fr. 50 le cent; 12 fr. le mille.

Le port est toujours en plus, excepté pour l'*Apostolat des enfants*, qu'on envoie franco quand on en prend au moins 160.

Indiquer la gare pour les envois par colis postal ou par messageries.

LIVRES D'ACTUALITÉ

Bulletin mensuel des Œuvres de la Jeunesse. Chez Poussielgue, 15, rue Cassette, Paris. 3 fr. par an.

Petit Catéchisme de la vie de Notre-Seigneur Jésus-Christ. 0 fr. 25 l'ex.

Demander, 8, rue François Ier. — A 0 fr. 40.

Debout! pressant appel au clergé (6e édition). Port, 0 fr. 10.

En avant! sur le terrain catholique, par MYRIAM. Port, 0 fr. 15.

Dans la mêlée, faisant suite à *Debout* et à *En avant*, par MYRIAM. Port, 0 fr. 10.

Le silence et la publicité, par Mgr PARISIS. Port, 0 fr. 10.

Les francs-maçons, par Michel LE ROCHARET. Port, 0 fr. 15.

L'Eglise et ses bienfaits, par Michel LE ROCHARET. Port, 0 fr. 15.

A 0 fr. 20.

Catéchisme de la question ouvrière, d'après la lettre encyclique sur la condition des ouvriers, par le R. P. J.-B. LEMIUS, oblat de Marie-Immaculée.

Quelques explications à propos du droit d'accroissement réclamé aux congrégations religieuses autorisées. Port, 0 fr. 05.

A 0 fr. 05.

Port, 0 fr. 05. — 30 fr. le mille (avec remises).

Les différentes encycliques de N. S. P. le Pape, une par volume.

Juifs et francs-maçons, de l'identité de leur programme.

Le Clergé et la bonne presse, par M. l'abbé GARNIER.

DIVERSES REVUES

Etudes ecclésiastiques, mensuelle, 25, rue Humbolt, Paris. 3 fr.

La Paroisse chrétienne, hebdomodaire, chez M. le Curé de Saint-Roch, à Saint-Amand (Cher). 18 fr.

Les Questions actuelles, hebdomadaire, 8, rue François Ier. 6 fr.

Annales de N.-D. des Champs, à la cathédrale de Séez (Orne). 2 fr.

Annales de N.-D. de l'Usine, chez M. le Curé de Saint-Rémy, Reims. 1 fr.

Bulletin de l'Œuvre expiatoire, mensuel, La Chapelle-Montligeon (Orne). 2 fr.

Paris. — J. Mersch, imp. 22, Pl. Denfert-Rochereau.

www.ingramcontent.com/pod-product-compliance
Ingram Content Group UK Ltd.
Pitfield, Milton Keynes, MK11 3LW, UK
UKHW012259240726
13966UKWH00004B/1504

9 782011 619938